DONGWU ZHI ZUI

动物之最

[英] North Parade 出版社◎编著　　王　博　程昌钰◎译

云南出版集团　晨光出版社

目录

猴子和猩猩

最大的猩猩

大猩猩是最大的类人猿。它们是一种雄伟的动物，一般生活在非洲的丛林里。成年雄性大猩猩身高在1.7~1.8米之间，体重可达约181千克。它们有黑色或棕黄色的皮毛，雄性大猩猩成年时，背部会形成一个银色的斑块。由于体型庞大，大猩猩无法在树与树之间穿行，它们宁愿待在地面上，用双腿和长臂来行走。这些巨猿每天可以吃大约22千克的食物。它们的食物以树叶为主。大猩猩经常被描绘成凶猛的动物，实际上它们有点儿腼腆，并擅于社交。大猩猩非常聪明，会用很多的声音和手势相互交流。

你知道吗？

在亚马孙雨林里发现的吼猴，是陆地上最吵闹的动物。它的叫声可传约4.8千米远。吼猴们的呼唤是为了与团队的其他成员交流，或发出警告。

最小的猿

长臂猿是已知最小的猿。雄性长臂猿的身高可长到约90厘米，体重在5.5~9千克之间。长臂猿拥有纤细的长臂，非常擅长从一棵树跳到另一棵树。它们有棕色和棕黄色的皮毛。因为身材娇小，被称为小猿。其中最大的一种叫合趾猴，体重约13.5千克。这些猿类不喜欢不请自来的客人，经常与入侵者打架。在野外，长臂猿寿命长达35~40年。

最小的猴子

最小的猴子是侏儒狨猴。不包括尾巴，它的身长在11~15厘米之间，重量120~190克。这些小猴子，因为有特殊的爪子帮助它们爬树，所以攀爬速度非常快。它们最喜欢的食物是树汁。

最大的猴子

五颜六色的山魈是世界上最大的猴子，可以长到约1米高。雄性山魈重达30千克。雌性山魈通常是雄性的一半大小。它们主要生活在非洲的丛林里。山魈有红色和蓝色相间的鼻子、金胡子、红嘴唇、橄榄绿皮毛和亮蓝色的臀部。它们越兴奋，肤色就会变得越鲜艳。这些猴子喜欢在地面上漫步，它们爬上树是为了躲避危险或睡觉。山魈是杂食动物，植物是它们日常饮食的主要组成部分。

猫科动物

最大的猫科动物

西伯利亚虎或东北虎是最大的猫科动物，可以长到约3.3米。成年雄性虎体重约362千克，雌虎体重约226千克。这些老虎主要生活在俄罗斯远东山区。为了在严寒中生存，老虎们有一层额外的脂肪层，长着比其他物种浓密得多的毛皮。冬天，它们的毛会长得更长，以抵御寒冷。它们有毛茸茸的大爪子，便于在雪地上行走。老虎是非常强大的掠食者，甚至能够捕获比自己更大的动物。

最小的猫

灰色斑点猫是已知最小的猫科动物。它的身体和头部的长度约48厘米，重量在1.5~1.6千克之间，主要分布在印度南部和斯里兰卡。猫背上有铁锈色的斑点，猫名由此而得。这些小猫肚皮上的毛基本上都是白色的。它们的尾巴长度是身体的一半。它们也是非常敏捷的攀爬者，白天经常会在树上睡觉，晚上则很活跃。它们捕食小型鸟类、哺乳动物、小型爬行动物。当机会出现时，这些小动物甚至会吃一顿家禽肉。这些小猫咪对人类非常友好，因而有时会被当作宠物饲养。

濒危野生猫科动物

野猫是濒危野生猫科动物。在欧洲、西亚和非洲的各种栖息地都可以找到这种小型食肉动物。野猫身长在45~80厘米之间，体重在3~8千克之间。野猫身体的颜色通常是棕色夹杂黑色的条纹；天生害羞，不喜欢接触人；主要以啮齿动物为食，有时也会捕猎其他小型哺乳动物。

最为濒危的猫科动物

伊比利亚猞猁是最为濒危的猫科动物。2005年的研究显示，它们的数量急剧下降。因为农耕地的扩张，这些动物已经失去了许多天然栖息地。尽管它们已被列为濒危物种，受到法律的保护，但还是会被偷猎者捕杀。它们不像其他野猫那么大，体长大约1米，体重在13~25千克之间，颜色有灰色、黄色等。伊比利亚猞猁是夜行猎人，捕食兔子、鹿、狐狸和鸟类。它们耐心地等待猎物靠近，然后猛扑过去，在短距离内快速追捕猎物。

你知道吗？

美洲狮保持着最高的跳高纪录。它的跳高高度可达5.4米。它的大爪子和长尾有助于平衡。

跑得最快的猫科动物

已知奔跑速度最快的猫科动物是斑点猎豹。斑点猎豹能达到的最高时速是114千米／时。这种敏捷动物的每个部位都为速度而生。它的爪子在一定程度上是可伸缩的，以帮助它快速奔跑。它还有一颗巨大的心脏，血液快速运转时泵血。它的尾巴是专门用来控制方向的，通常呈黄色、浅棕色，并有圆形的黑色斑点。它的眼睛周围也有黑色的标记。斑点猎豹主要分布在长着高高草丛的非洲大草原上，便于它在狩猎时躲藏。猎豹在野外一般能活14年。它们的体长在120~150厘米之间，体重约43千克。

犬

最大的犬

世界上最重的犬是英国獒犬。它重达90千克，高达80厘米。这种犬的身体非常强壮，长着方形的头。它们的毛色通常是渐变的浅黄色，眼睛、耳朵和鼻子周围都是黑色。这些肌肉发达的犬强壮勇敢，通常对主人非常忠诚，被认为是非常好的警犬。它们因为身体硕大而性格温和的天性，被称为“温和的巨人”。

跑得最快的狗

已知奔跑速度最快的狗是灰狗，可以在1.5秒内达到每小时72.4千米的速度。灰狗的身高在71~76厘米之间，体重在27~40千克之间。它们有各种各样的颜色，最常见的是渐变的红色、灰色、黑色和白色。它们性情温和，是很好的宠物伴侣。

你知道吗？

最著名的山地救援犬名叫巴里。这是一只圣伯纳犬。它（1800年—1814年）在圣伯纳大山口的修道院里担任山地救援犬的工作。巴里挽救了40多人的生命，它的遗体被保存在瑞士伯尔尼的自然历史博物馆里。

最小的狐狸

最小的狐狸是耳郭狐。在炎热的北非沙漠中，它们有独特的方法让自己保持凉爽——它们的耳朵比普通狐狸大，体内的血液到达大耳朵的表面时就会起到散热的作用。大耳朵也给了它们很好的听觉，让它们可以在夜间捕猎。耳郭狐的体长在36~44厘米之间，体重在1~1.5千克之间。

最小的狗

吉娃娃狗是世界上最小的狗，它们最早被发现于墨西哥的一个叫吉娃娃的地方，因此而得名。这些小狗平均只能长到15~25厘米之间，但有些可长到38厘米。体重通常在2.7~4.5千克之间。眼睛在它们的小脸上显得相当大，耳朵醒目地竖立着。它们的毛发或短或长，有各种颜色。娇小的体形使它们成为理想的宠物。

最大的狼

世界上最大的狼是灰狼。这些狼一般身长为1.3~2米，高度为60~90厘米，体重在32~62千克之间。灰狼多见于高海拔地区，这些强壮的狼有很强的耐力，可以长途跋涉。它们的毛色通常是白色或灰色，也有些是红色、棕色或黑色。它们有极佳的听觉和灵敏的嗅觉，能更好地捕捉猎物。

有蹄动物

最大的奇蹄动物

最大的奇蹄动物是白犀牛。它也被称为方形的犀牛，因为它用来啃食植物的大嘴巴呈方形。白犀牛的体重约2721千克，身体长度不包括尾巴，在3.35~4.2米之间。这些巨大的动物主要分布在非洲的热带草原上。

最大的偶蹄动物

最大的偶蹄动物是河马。这些笨重的动物重1500~1800千克，体长3.5米左右。河马狂热地喜欢水，白天通常浸没在水中，偶尔从水里出来也只是为了吃草。尽管河马体型庞大，但奔跑速度却非常快。它们能以每小时40千米的速度奔跑。

最大的鹿角

麋鹿是鹿家族中最大的成员，也是北美最大的哺乳动物。雄性麋鹿有非常大的鹿角。记录在案的最大的约有2米长。由于腿长，麋鹿看起来很瘦。麋鹿是一种草食动物，喜欢吃嫩枝、柳树的叶子和桦树的叶子。

奔跑速度最快的有蹄动物

最快的有蹄动物被称为叉角羚，它们奔跑时的速度可达每小时98千米，在速度上仅次于猎豹。它们利用速度来保护自己不受捕食者的伤害。一只成年的叉角羚重35~60千克，通常是棕色的，有白色的腹部，脖子上有两个白色的记号。雄性和雌性叉角羚都有角。叉角羚喜欢生活在草原上，但也能在丛林和沙漠中找到它们的身影。

你知道吗？

北美驯鹿是迁徙最长距离寻找食物的陆地动物，每年的迁徙路线超过1300千米。牛羚和斑马排在第二。事实上，角马和斑马一起迁徙，有时会形成超过100万的团队。这样它们就能互相保护，躲避像豹子这样的掠食者袭击。

最高的有蹄动物

最高的有蹄动物是长颈鹿。它们的毛色通常是黄色的，上面长有棕色斑点。长颈鹿有很长的脖子，这使它们能吃到高大的树上的叶子。长颈鹿通常有4.8~5.8米高，体重大约1360千克。它们头上长有双角，角长12.7厘米左右。雌性长颈鹿的角比较短，用来在战斗中保护自己。长颈鹿通常吃金合欢树的叶子。长颈鹿的蹄趾数都是偶数，它们主要出没在非洲的大草原上。

大大小小的动物

最大的熊

科迪亚克熊在美国阿拉斯加附近的科迪亚克群岛被发现，它不仅是地球上最大的熊，也是最大的肉食动物之一。当这些熊四脚站立时，高约1.5米，两只脚站立的时候可以达到3米左右，体重约680千克。科迪亚克熊大多数以鱼为主食，也会吃叶子、植物、浆果。数量很少，会攻击人类。

最大的陆地哺乳动物

最大的陆地哺乳动物是非洲象。这些巨型动物站立起来可达6~7.3米，体重7000~9979千克。它们是灰棕色的，长着一对巨大的獠牙。长鼻子和扇形的大耳朵很显眼，这巨大的耳朵能帮助它们保持凉爽。它们的鼻子完全是由肌肉组成的，在日常生活中被当作第五个肢体，可以折断高处的树枝吃到食物，搬运重物，甚至喷水。

最耐寒的熊

北极熊是世界上唯一一种能在北极存活下来的熊。它们能长到3米左右，体重约770千克。北极熊在寒冷的地方生存。它们穿着一件厚厚的毛皮外套，还有厚厚的脂肪层，充当额外的保温材料。北极熊是白色的，在雪地上这是很好的伪装，捕猎时特别有用，能让它们更容易抓到海豹等猎物。北极熊也是特别棒的“游泳运动员”，它们知道在水下怎么抓鱼。

最小的熊

太阳熊的长度在120~150厘米之间，是世界上最小的熊。它们也被称为马来熊，通常是黑色或者棕色的，体重约40千克。即便是熊类家族里最小的成员，太阳熊却十分好战。它有非常锋利的犬齿，用来撕咬猎物。太阳熊的名字来源于它脖子上橙黄色的马蹄形条纹。

最长的怀孕周期

大象的怀孕周期是动物界里最长的。它们的妊娠期长达22个月。新生的小象通常重90~115千克。它们可以在出生后一个小时内靠着自己的力量站起来，只需几天就可以跟随在妈妈左右。雌性大象选择群居生活。在一个小队里，成员相互养育着队里的小象。这些小象每天吸吮大约11升的乳汁，迅速长大。

你知道吗？

北极熊是世界上最大的肉食动物。在北极，它们处于食物链的顶端，大部分时间都在寻找它们最喜欢的食物——海豹。一只北极熊可以一次进食约45千克的肉。

有袋动物

最大的肉食有袋动物

最著名的肉食有袋动物是袋獾。袋獾受到攻击时会发出可怕的尖叫声。它的身长在51~78厘米之间，尾巴长约25厘米，体重在6~10千克之间。它们非常有力的下颚和大牙齿可以撕碎肉块。它们的皮毛通常是黑色的，背部、肩膀和脖子上都有白色的斑块。袋獾是塔斯马尼亚州桉树森林的“原住民”。

濒危的有袋动物

袋熊是最为濒危的有袋动物之一，它们体型偏小，长得又矮又壮，一般生活在澳大利亚和塔斯马尼亚的干旱和半干旱地区。它们长0.75~1.2米。这些稀有动物的爪子又大又锋利，主要在夜间活动。

滑翔的有袋类动物

蜜袋鼯是已知为数不多的能滑翔的有袋类动物之一。蜜袋鼯在第一个趾头到第五个趾头之间有一层薄薄的皮，这就像翅膀，使它们能滑翔很远的距离——有时超过50米。它们用尾巴来改变方向和保持平衡。蜜袋鼯大约长20厘米，仅有120~160克重。它们穿着暗条纹的蓝外套，是树栖动物。

你知道吗？

世界上最小的有袋动物是长尾的扁头袋鼬，也被称为英格兰的扁头袋鼬。它的高度大约只有5厘米，重约4.3克。它有一个与众不同的头部，长得又扁又长。这有助于小家伙在土壤的裂缝中寻找昆虫。

最大的有袋动物

世界上已知最大的有袋动物是袋鼠，身高约为1.8米，体重可达85千克左右。它们长着大大的脚、强壮的腿、短短的前肢以及长长的尾巴，能在跳跃的时候起到平衡的作用。它们能跳到约9.13米那么高。它们的尾巴足足有1米长。雄性的袋鼠通常都是红棕色的，尾巴的颜色要浅一些。雌性袋鼠通常是蓝灰色的。它们主要在夜间活动。袋鼠是澳大利亚的“原住民”，它们被认为是澳大利亚的象征。

跑得最快的有袋动物

跑得最快的有袋动物是澳大利亚东部灰袋鼠，可达到64千米/时。东部灰袋鼠在澳大利亚的南部与东部最为常见。它们常穿着灰色的大衣，在黎明时最为活跃。这种有袋动物同样也是一个出色的“跳高运动员”，可以跳到约9.14米。

啮齿动物

最小的老鼠

侏儒跳鼠长着小小的身体和长长的尾巴。它们是世界上最小的啮齿动物，体长大约只有5厘米。在某些情况下，长尾可以帮助它们跳跃到惊人的高度——约3米。它们通常在晚上最活跃。在非洲和亚洲的干旱地区，大约生活着25种侏儒跳鼠。

寿命最长的啮齿动物

在所有啮齿类动物中，东部灰松鼠的寿命最长。最长存活的纪录是23岁。东方灰松鼠的身长在38~52厘米之间。它们大多是灰色的，但也有一些白色和黑色的。东部灰松鼠有一条长而浓密的尾巴，长15~25厘米。这些松鼠有适应各种生存条件的能力，这就是为什么它们在世界上不同的地方都能茁壮成长的原因。东部灰松鼠最早被发现于美国东部和中西部。

寿命最短的啮齿动物

田鼠，一种类似老鼠的啮齿动物，在啮齿类动物中寿命最短。田鼠的寿命通常只有3~6个月，偶尔有些田鼠的寿命长达一年。一只已知的寿命最长的田鼠活了18个月。田鼠的长度在7.62~17.7厘米之间。它们整天都很活跃，主要以草、根、块茎、蜗牛和其他昆虫为食。它们在亚洲、北非、北美和欧洲的部分地区被发现。在美国，它们被称为田鼠或草原老鼠。

妊娠期最短的啮齿动物

啮齿动物仓鼠的妊娠期最短，只有16天。刚生下的幼崽，眼睛、耳朵和牙齿都还没有发育，甚至前爪和脚也没有完全成形。仓鼠通常长5~27厘米，重约900克。它们的颜色有白色、棕色等，有短尾或长尾。仓鼠大多在夜间活动，寿命为2~3年。由于它们体型小、脾气温和，许多仓鼠都被当作宠物饲养。

最大的啮齿动物

水豚体长约102~132厘米，是世界上最大的啮齿动物。这些巨大的啮齿动物有桶状的身体，体重大约在27~50千克之间。水豚是优秀的“游泳运动员”和“潜水者”，有蹼足，喜欢在泥巴里玩耍。它们棕色的毛皮，会干得很快；有两颗长长的门牙，只要活着，它们的门牙就会一直生长。当它们想要呼唤彼此时，通常会吹口哨或发出吠叫。

你知道吗？

在啮齿类动物中，豚鼠的妊娠期最长。它们的妊娠期大约为68天，几乎和狗一样长。新生儿出生时牙齿轻启，眼睛微张，身上有毛发。许多品种的豚鼠是很受欢迎的宠物。

最大的海豚

海豚家族最大的成员是虎鲸。虎鲸也被称为杀人鲸，但这很容易误导人，因为它们根本就不是鲸鱼。虎鲸流线型的身材，使它们成为敏捷的游泳者。虎鲸是凶猛的掠食者，用速度和力量去杀戮。虎鲸在狩猎时，能以每小时48千米左右的速度游泳。它们的长度在8~10米之间，体型庞大，体重在3600~5400千克之间。虎鲸用强壮锋利的牙齿来捕捉猎物。它们的身体通常是黑色的皮肤上长着独特的白色斑块。

你知道吗？

白腰鼠海豚是游得最快的海豚。它们的速度大约是55千米/时。这种海豚通常由10~20只组成一个群体，一起游动。

潜水最深的鲸鱼

抹香鲸是世界上潜水最深的鲸，这种巨大的鲸鱼可以潜入水下1000米深处。它们是令人着迷的生物，拥有最大的牙齿和鲸鱼中最大的大脑。它们的重量在40~50吨之间，可以长到11~18米。几乎在世界上所有的海洋中都能找到抹香鲸。

最大的鲸鱼

蓝鲸是一种很神奇的生物，不仅因为它是最大的鲸鱼，而且它还是世界上最大的哺乳动物。它也是世界上最吵的动物，叫声可以达到很高的分贝，并且能和同类在相隔数百千米的范围内彼此通信。这些巨大的鲸鱼长约33米，重约181吨（这很罕见，被一些海洋生物学家质疑）。一头蓝鲸的舌头可能就超过2吨重。这些巨大的哺乳动物是蓝灰色的，主要以磷虾和浮游生物为食。如今这些巨大的动物濒临灭绝，到今天只剩下大约1万头。

最小的海豚

赫克托海豚是世界上最小最罕见的海豚，以詹姆斯·赫克托爵士的名字命名。他首次检验了这一物种的样本。赫克托海豚也被称为毛伊岛海豚，雌性通常比雄性大。赫克托海豚大约可以长到1.7米，重40~60千克。它们大多是灰色的，也有少量是其他颜色。

最小的鲸

矮抹香鲸是世界上最小的鲸鱼，大约长2.7米，重约250千克，实际上比一些大型海豚还小。矮抹香鲸是蓝灰色的，腹部颜色较浅。它们有非常锋利的长牙齿。它们会分泌出一种红色物质来分散猎物的注意力。这种鲸鱼大多生活在温暖的水域中，并习惯待在水里，偶尔浮出水面。

距离迁徙最远的鲸鱼

众所周知，灰鲸在所有鲸鱼中迁徙距离最远。在加利福尼亚海岸度过了寒冷的冬季之后，灰鲸在夏天来到白令海觅食。它们迁徙里程长达12000~20000千米。灰鲸的体长在12~14米之间，重16.5~38.5吨。它们一天之内要吃掉很多食物。灰鲸分布在北太平洋沿岸。

其他海洋哺乳动物

最大的海牛

海牛是与大象关系密切的大型海洋哺乳动物。迄今为止被发现的最大海牛长约4米，重约1542千克。海牛有圆筒状的身体、锥形的尾巴，有一对前肢叫作鳍肢，能让它们游得更好。海牛喜欢吃海藻，每天都会吃大量的海藻。这能使水路保持畅通。

游得最快的鳍足类动物

加利福尼亚海狮是游得非常快的鳍足类动物，能达到每小时大约40千米的速度。它们也是很好的“潜水者”，可以潜到约98米的深度。它们约有2~2.4米长，体重约390千克。这些海洋哺乳动物十分聪明，经常被人们关在笼子里训练。加利福尼亚海狮是耐寒和适应性很强的动物，它们的数量正在稳步增长。相反，阿拉斯加的海狮种群数量正在减少。

拥有獠牙的鳍足类动物

海象与大象没有关系，但它们都有两个巨大的獠牙。海象的牙可以长到约1米长。海象牙的一圈年轮大约相当于一年的生长周期，所以你可以通过数环来判断海象的年龄。海象长着厚厚的皮肤，可以帮助它们在寒冷的环境中生存。海象的嘴巴周围还有胡须状的鬃毛，可以帮助它们在水中感知猎物的移动。这些“游泳运动员”的体长约为2.6~4米，体重在1250~1600千克之间。

你知道吗？

数量最多的海豹是蟹海豹，现在世界上至少有1200万头蟹海豹。与它们的名字没有关系，蟹海豹不吃螃蟹。事实上，它们的食物几乎全是磷虾。它们一生都在南极洲的冰雪世界度过。

最小的北极海豹

环斑海豹是在寒冷的北极地区发现的非常小的海洋哺乳动物，是所有北极海豹中最小的。体重约32~90千克之间。它们穿着带黑色斑点的浅灰色外套，这些斑点通常被浅色的环所围绕——因此得名。环斑海豹长着小脑袋和丰满的身体，捕食北极水域里各种各样的鱼。

最大的海豹

南象海豹是世界上最大的海豹，雄性海豹可以长到约6米，重约4000千克。成年雄性南象海豹长着大象一样巨大的鼻子，由此得名。它们还与大象有着同样的颜色，雄性南象海豹用鼻子发出巨大的声音。南象海豹是优秀的“游泳者”，大部分时间都在水中。

鲨鱼和鳐鱼

最大的鳐鱼

蝠鲼是世界上最大的鳐鱼，它们可以长到约6.7米的宽度，重约1350千克。鳐鱼的脊椎顶端没有刺，通常对人类没有伤害。蝠鲼的一个显著特征是它的嘴巴大，最大的蝠鲼嘴里可以并排躺四个人。它们的腹部是白色的，背部是明显的蓝色或黑色。鳐鱼非常敏捷，有时甚至会跃出水面。它们主要分布在热带水域，尤其是在珊瑚礁中。

最小的鳐鱼

短鼻电光鳐鱼是世界上已知的最小的鳐鱼。它们大约只有10厘米宽，重约0.5千克，和煎饼差不多大小。它们的电光十分耀眼，可以产生电流来击退敌人。

游得最快的鲨鱼

马科鲨能够以每小时97千米左右的速度游动，是世界上速度最快的鲨鱼。马科鲨身体的颜色，除了肚皮是白色的，其他都是深蓝色的。它们有1.5~2.5米长，极少数能长到3.7米长，重约450千克。它可以从水面潜到深海，主要生活在热带和温带海域。马科鲨是为数不多的会攻击人类的鲨鱼之一。

最大的鲨鱼

世界上最大的鲨鱼是鲸鲨。这种巨大的生物可以长到约15米长，嘴巴宽约1.4米。这种鲨鱼能够过滤食物，并吃掉海水里的大量浮游生物。它们的皮肤非常厚，颜色通常是蓝灰色带有黄色斑点。这种鲨鱼在世界上所有的海洋中几乎都能找到。

你知道吗？

火银鲛，又称“鬼鲨”，是最古老的软骨鱼类。这种鲨鱼的远亲是在4亿年前开始进化的。这些年来，它们几乎没有变化。就像鲨鱼和鳐鱼一样，它们的身体光滑，没有鳞片。

最小的鲨鱼

世界上最小（也许是游得最慢）的鲨鱼是斑鳍光唇鲨。它们的长度在15~19厘米之间。它们生活在深70~750米的海里。斑鳍光唇鲨通常是暗棕色的，背鳍上有黑色的斑块。它们一般在印度洋和太平洋活动，以鱼、甲壳纲和乌贼为食。

海洋鱼类

最长的鲟鱼

俄罗斯鲟鱼是世界上最长的鲟鱼，这些鱼可以长到约1.8米长，重约113千克。它们的身体看起来像长纺锤，有短而圆的鼻子和下唇，通常出没于里海和黑海。由于过度捕捞，它们的数量正在减少。最好的鱼子酱就来自俄罗斯鲟鱼。

会生“孩子”的雄海马

雄性海马是世界上唯一一种会生“孩子”的动物。雄海马身上有一个被称为“育仔袋”的育儿袋，雌性海马会在其中产卵，这些卵也会在袋内孵化成小海马。雄性海马在交配季节向雌海马展示它们的育仔袋，以此来吸引雌海马。

你知道吗？

旗鱼的速度甚至超过了最快的陆地动物——猎豹。四海为家的旗鱼是世界上游得最快的鱼，时速约110千米。

游得最慢的鱼

海马是世界上游得最慢的鱼，速度约为每小时0.016千米。它们身体的尺寸很小，只有5~35厘米长。眼睛在头部的两侧，能很好地帮助它们捕捉猎物。海马在不动的情况下，也能捕猎。它们用长长的鼻子吮吸猎物。由于体积小，海马很容易被水流冲走。为了防止这种情况发生，它们把长长的尾巴蜷曲在海藻上。有些种类的海马被当作宠物饲养，但无法存活很长时间。

最小的螃蟹

世界上最小的螃蟹是豌豆蟹，大约有0.6厘米大小。这些螃蟹，有时被称为牡蛎蟹，因为在牡蛎和贻贝壳中被发现。它们的尾巴上有褶，以保护自己的卵。豌豆蟹通常生活在斯堪的纳维亚半岛、非洲和地中海地区。

最重的硬骨鱼

最重的硬骨鱼是海洋太阳鱼。这些重约1995千克的鱼，能长到约3米长。从正面看，它们的身体呈椭圆形，这看起来有点儿像太阳，并因此得名。这些长相有趣的鱼有两个巨大的鳍，使它们能在水中滑行。它们最喜欢的食物是水母，一次可以吃掉许多只。海洋太阳鱼有多种颜色，有棕色到、银灰色等。它们生活在世界上所有的温带和热带海洋中。

飞得最快的鸟

游隼是世界上飞得最快的鸟，时速可达约196千米。有一些游隼在捕食时被捕捉到的时速约为270千米。游隼体长在34~50厘米之间，体重为500~900克。游隼长着长而尖的翅膀，能够飞上海拔很高的山。它们经常以很快的速度捕捉猎物，以各种动物为食，例如：鸽子、鸭子、麻雀和椋鸟。

最大的巢

最大的树巢是狩猎鸟——秃鹰建造的，重约3吨，最大的深约6米，宽约2.9米。这种鸟是美国的国鸟。它们的头和尾巴是黑色的，身体是棕色的。秃鹰的脚上有巨大的爪子，会捕鱼。秃鹰有明亮的黄眼睛。这种充满力量且强大的鸟类，生活在南美。由于得到有效保护，它们的数量始终保持稳定。

最重的猛禽

在安第斯山脉发现的安第斯秃鹫是最重的肉食鸟类。它们的重量在7.5~15千克之间，长度117~135厘米不等。它们全身大部分是黑色的，只有脖子上有白色的斑块。秃鹫的头是光秃秃的，暴露在阳光下，这样可以使它保持干净。它们的爪子并不像其他猛禽一样锋利。它们更喜欢食腐而不是捕猎。

最小的猛禽

狩猎鸟类中较小的是黑腿小鹰和婆罗洲小鹰。加上大约5厘米长的尾巴，长度在12.7~14.2厘米之间，重约35克。黑腿小鹰生活在东南亚，而婆罗洲小鹰则生活在婆罗洲西北部。它们有尖尖的翅膀和圆圆的尾巴，长着坚硬的喙，锋利的爪子有助于这些小鹰更好地捕猎。

你知道吗？

飞得最高的鸟是鲁氏粗毛秃鹫，它的飞行高度约11277米，速度约每小时35千米。这种灰棕色的鸟重约6.8千克，翼展约2.4米。这些鸟终生成双成对。

夜视能力和听力最好的鸟

猫头鹰的大眼睛拥有最强大的夜视能力。和人类一样，它们可以用两只眼睛来聚焦。它们的头可以朝不同的方向旋转135度，甚至可以向后看到自己的肩膀。但是猫头鹰是远视眼，不能看到近距离的事物。这些夜间捕猎者有敏锐的听觉，能追踪猎物，甚至能在完全黑暗的情况下狩猎。仓鸮和大角猫头鹰都有很好的听力。

不能飞的鸟类

最小的不能飞的鸟

鹬鸵是世界上最小的不能飞的鸟。它们长着长长的嘴巴，没有尾巴。它们是新西兰的土著鸟，被当作国鸟。最小的鹬鸵是小斑点鹬鸵，身高不超过25厘米，体重约1.3千克。最大的鹬鸵是大斑点鹬鸵，高约45厘米，体重约3.3千克。由于小斑点鹬鸵的体型小，很容易被肉食动物捕食。现在它们已被列为濒危物种，受到保护。

最小的企鹅

最小的企鹅是非洲企鹅，通常出现在非洲南部的沿海地区。这些企鹅也被称为蠢企鹅，因为它们会发出像驴子一样的声音。它们的身高约为60厘米，体重在3.1~6千克之间。和帝企鹅一样，非洲企鹅也有浅色的腹部。不同的是，它们的眼睛上方有一个粉红色的腺体。就像所有企鹅一样，非洲企鹅也是很棒的“游泳运动员”，以鱼和鱿鱼为食。

最大的企鹅

帝企鹅身高约1.2米，体重约30千克，是企鹅家族中体型最大的成员。这些生活在南极洲的企鹅，很容易辨别，因为它们长着黑色的兜帽、蓝灰色的脖子、橙色的耳钉和黄色的胸脯。帝企鹅也是唯一在南极寒冷的冬天繁殖的鸟类。

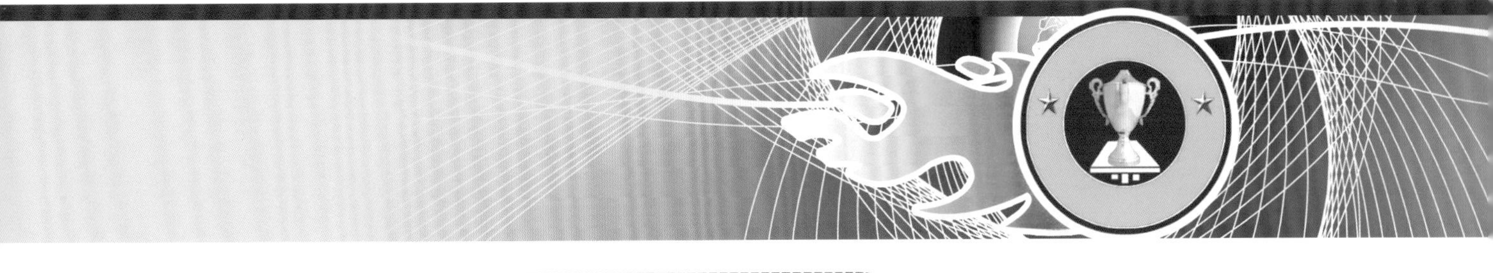

最大的蛋

鸵鸟是一种很能创造纪录的鸟。鸵鸟产下的蛋是所有鸟类中最大的，每个蛋大约长15~20厘米，重约1.3千克。这些蛋产在公共的巢里。鸵鸟的巢就是在地上挖的土坑。

你知道吗？

众所周知，在一段时间内，美洲鸵会产下多达30枚黄色或奶油色的卵。美洲鸵通常是雄性鸵鸟养育后代。就像其他种类的鸵鸟一样，美洲鸵跑得也很快。它们大多生活在南美洲的森林中。

不会飞的鸟

鸵鸟是体型最大、奔跑速度最快的鸟类。身高约2.7米。鸵鸟也是最重的鸟类，重约156千克。它们用奔跑速度弥补了无法飞翔的不足，速度可以达到每小时70千米。圈养的鸵鸟可以活到约40岁。

最小的鳄鱼

最小的鳄鱼叫侏儒鳄鱼。这种鳄鱼长约1.5米，黑色的身体，腹部有黄色和黑色的斑点。它们的背上有一些类似武器的骨板，保护它们免受捕食者的伤害。肚子上也有鳞片以保证安全。它们还有很长很宽的鼻子。侏儒鳄鱼产于非洲。

最大的鳄鱼

咸水鳄是世界上最大的鳄鱼，身长4.8~5.5米（有报道称，曾发现7米长的咸水鳄）。咸水鳄重约770千克。这些危险且好斗的鳄鱼生活在澳大利亚、东南亚和新几内亚。

最快的鳄鱼

约翰斯顿鳄鱼是世界上奔跑速度最快的鳄鱼，速度可达每小时16千米。它们也被称为澳大利亚淡水鳄鱼，有瘦长的身体和细长的鼻子，这有助于它们更好地捕猎。约翰斯顿鳄鱼一般生活在淡水中。

最大的蜥蜴

科莫多巨蜥是世界上最大的蜥蜴，长约2.25米，体重约59千克，有很长的尾巴和分叉的的舌头。它们的颜色有灰色、红色、绿色等。由于视力不好，嗅觉不佳，它们用舌头来品尝味道。被科莫多巨蜥咬伤可能会致命，不是因为毒液，而是因为它们口中的有毒细菌。它们一般生活在印度尼西亚的科莫多岛。

你知道吗？

棘尾鬣蜥是世界上奔跑速度最快的爬行动物，已知时速约34千米。它们的长度在12.7~99厘米之间。颜色通常是棕色、灰色、黑色，腹部是白色的，尾巴上有鳞片。

最大的乌龟

最大的乌龟是棱皮龟。这些巨型海龟一般长约2米，重约600千克。它们通常是黑色的，有一层皮革覆盖着外壳。它们最喜欢的食物是水母，还喜欢吃海里的其他软体动物。棱皮龟已经被列为濒危动物。

蛇

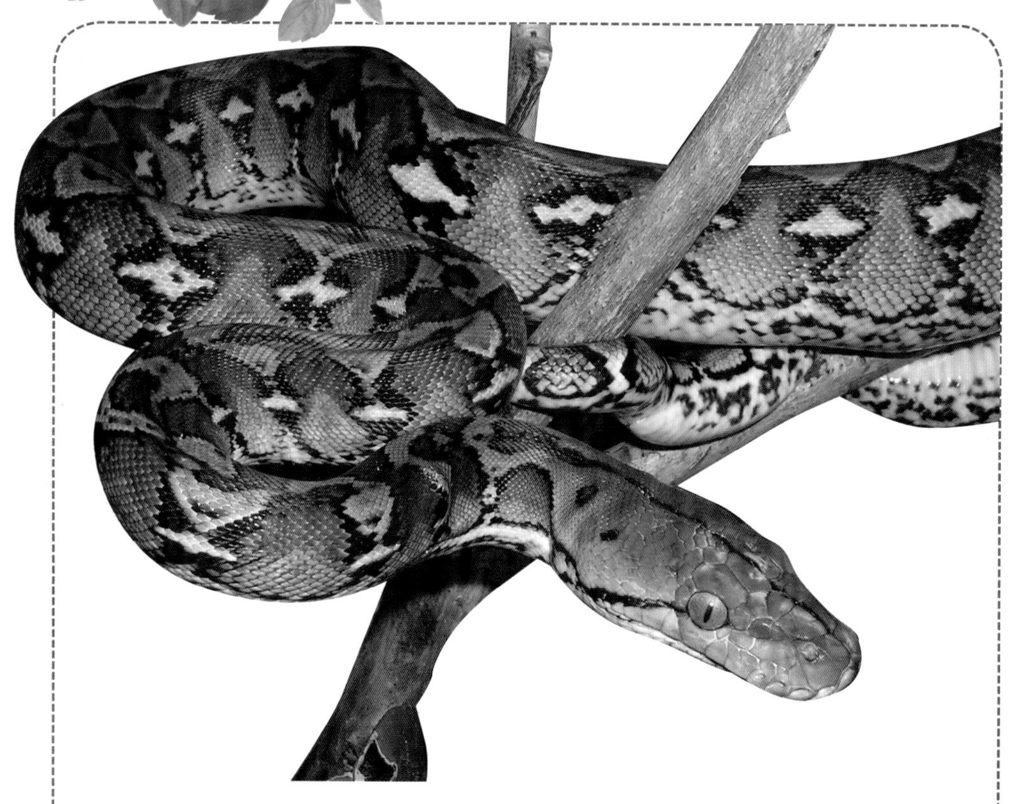

最长的蛇

网纹蛇长约5米，少数能长到8.2米长。最长的纪录大约是10米长。这些巨大的蛇有向后弯曲的牙齿，可以咬紧猎物。网纹蛇不会咬死猎物，而是用长而强壮的身体缠住猎物并绞死它们。网纹蛇长有许多不同颜色与大小的菱形斑纹。这些夜行蛇主要分布在东南亚地区。

最小的毒蛇

纳马奎亚矮蝰蛇长20~25厘米，是世界上最小的毒蛇。它们有一个很小的心形的头，眼睛也很小。它们的背部通常是灰色或由灰色到灰棕色的过渡，有较浅的腹部，全身都有棕色或黑色的斑点。纳马奎亚蛇生活在非洲的纳米比亚。

最短的蛇

线蛇非常小，它们就像一条线。很难找到这种蛇，因为它们只生活在巴巴多斯岛、圣卢西亚岛和马提尼克岛。线蛇通常有鲜艳的颜色，有粉红色、棕色、黑色等，其中最长的大约只有11厘米。这些小蛇也被称为盲蛇。这是因为它们的眼睛很小，视力也很差。

最长的尖牙

加蓬毒蛇的尖牙可以长到约5厘米。通常尖牙会在它们的嘴巴里折叠起来，以防止刺穿自己的身体。当攻击猎物时，尖牙才会展开。它们通过毒牙释放出大量的毒液，毒液没有剧毒。这些蛇可以长到2米，约8千克重。它们有非常大的三角形的头和细窄的脖子，鼻孔上方长着两个角。加蓬毒蛇的身体呈白色或奶油色，带有黑色、褐色和黄色的图案，这些色彩有助于它们融入周围的环境。它们分布在非洲的部分地区。

你知道吗?

世界上最大的毒蛇是眼镜王蛇。它们可以长到约5.7米长。它们有中空的尖牙，长约1.25厘米。当这些致命的蛇受到威胁时，它们会将颈部向外膨起，同时发出嗞嗞声，借以恐吓敌人。

速度最快的蛇

世界上爬行速度最快的蛇是黑曼巴蛇，它们的时速可达19千米。它们通常是灰色的，名字取意于口腔里的黑色。黑曼巴蛇是世界第二大毒蛇，可以长到约4.3米长，一口释放出的毒液足以杀死20个人。它们还能将大约三分之一的身体直立起来，以此警告入侵者。黑曼巴蛇常见于非洲的热带地区。

最重的蛇

世界上最重的蛇是南美热带雨林的水蟒，一般长约6米，重约107千克。有报道称，有人发现长约9米的水蟒。水蟒有弹性的下颚，可以帮助它们把嘴张大，这使得它们能够吞下比自己体型更大的猎物。就像我们所知道的，它们会吃掉像鹿那样大的动物。这些蛇也有弯曲的牙齿，可以向后生长，帮助它们咬紧猎物。水蟒不用毒液，而是用绞缠的方式杀死猎物——用身体缠裹住猎物，然后把猎物绞死。

寿命最短的两栖动物

与其他两栖动物相比，蝾螈寿命很短，通常只能活6年。蝾螈是在沼泽、林地、公园和花园中茁壮成长的小火蜥蜴。它们能再生一些已经损坏的身体部位。为了保护自己免受敌人的袭击，蝾螈的皮肤会产生致命的毒素。

最大的两栖动物

中国的巨型蝾螈长约1.14米，重25~30千克，长着长尾巴和非常短的腿。它们的皮肤看起来很皱，但摸起来很光滑。它们的眼睛很小，鼻孔位于大脑袋上。这些巨大的蝾螈不喜欢主动猎取食物，所以它们就采取守株待兔的方式捕食。它们喜欢生活在寒冷的溪水里，是中国的“原住民”。

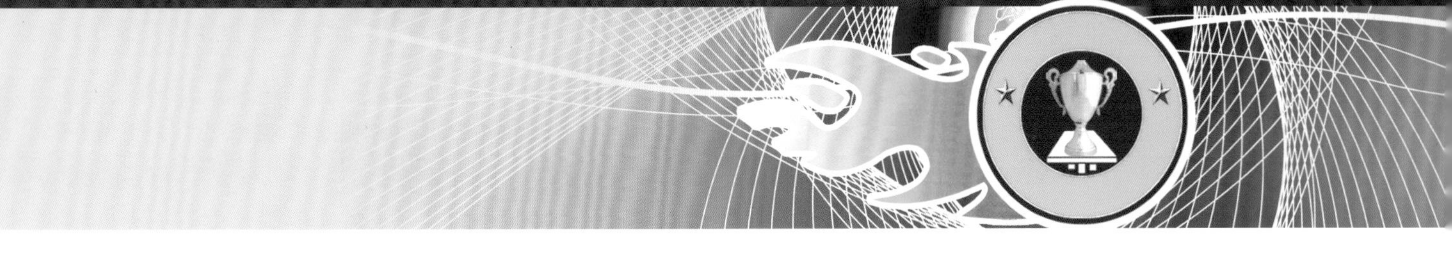

速度最快的青蛙

速度最快的青蛙应该是绿蛙。它们通常长5~10厘米。尽管它们的名字叫绿蛙，但这些青蛙的颜色不都是绿色的，一般都是棕色或者青铜色，甚至还有蓝色。这些夜行生物生活在潮湿温暖的地方，它们喜欢生活在有大量植被的沼泽地，大部分时间都待在水里。

最小的两栖动物

世界上最小的两栖动物是黄条纹侏儒蛙。成年雄性蛙的长度约为8.4厘米，颜色有橙色、深棕色等，背部有黑色和黄色的斑纹。这些小青蛙生活在古巴。

最大的蛙

非洲歌利亚蛙是世界上最大的青蛙，长约33厘米，重约3.6千克。非洲的歌利亚蛙最高能跳3米左右，最远可跳6米左右。它们有非常长的第四脚趾，受到威胁时就会装死。它们生活在西非地区水流湍急的溪水里。

你知道吗？

箭毒蛙长着有剧毒的皮肤，鲜艳的颜色警告捕食者不要吃它们。箭毒蛙主要在亚马孙雨林中生活。使用青蛙毒液给飞镖上毒，是一些南美部落的传统。因此也被称为毒镖蛙。

最大的蜘蛛

雌性捕鸟蜘蛛应该是世界上最大的蜘蛛。这种蜘蛛从腿根到腿尖的长度约为30厘米，长着约2.5厘米长的毒牙。这些巨大的蜘蛛在被激怒时会咬人，尽管它们的牙带有毒液，但对人类不会造成大的伤害，被咬伤后不会比蜜蜂蜇伤更痛。它们的食物包括幼鸟、蜥蜴、青蛙、甲虫、蝙蝠和小蛇。

跑得最快的昆虫

众所周知，美国的蟑螂是短跑运动员，能以难以置信的速度跑短程距离，最快速度约为1.5米 / 秒，是目前世界纪录的保持者。有报道称，澳大利亚的老虎甲虫的速度能够达到2.49米 / 秒。美国蟑螂非常强壮，可以在没有食物的情况下生存几个月。它们有减缓心跳的能力，甚至还被证明对辐射有很强的抵抗力。

飞得最快的蝴蝶

帝王蝶是飞得最快的蝴蝶，飞行速度约为每小时27.4千米。它们有漂亮的翅膀——橙色和黑色相间，边缘有白色斑点。这些大型蝴蝶的翼展8.6~12.4厘米。然而这些漂亮的蝴蝶实际上是有毒的，如果食用它们会引发严重疾病。它们是通过食用有毒的马利筋的叶子而带上毒性的。有一些帝王蝶会迁徙到很远的地方，繁殖子孙三代后才能飞回原来的栖息地。有些帝王蝶一生都在同一个地方生活。

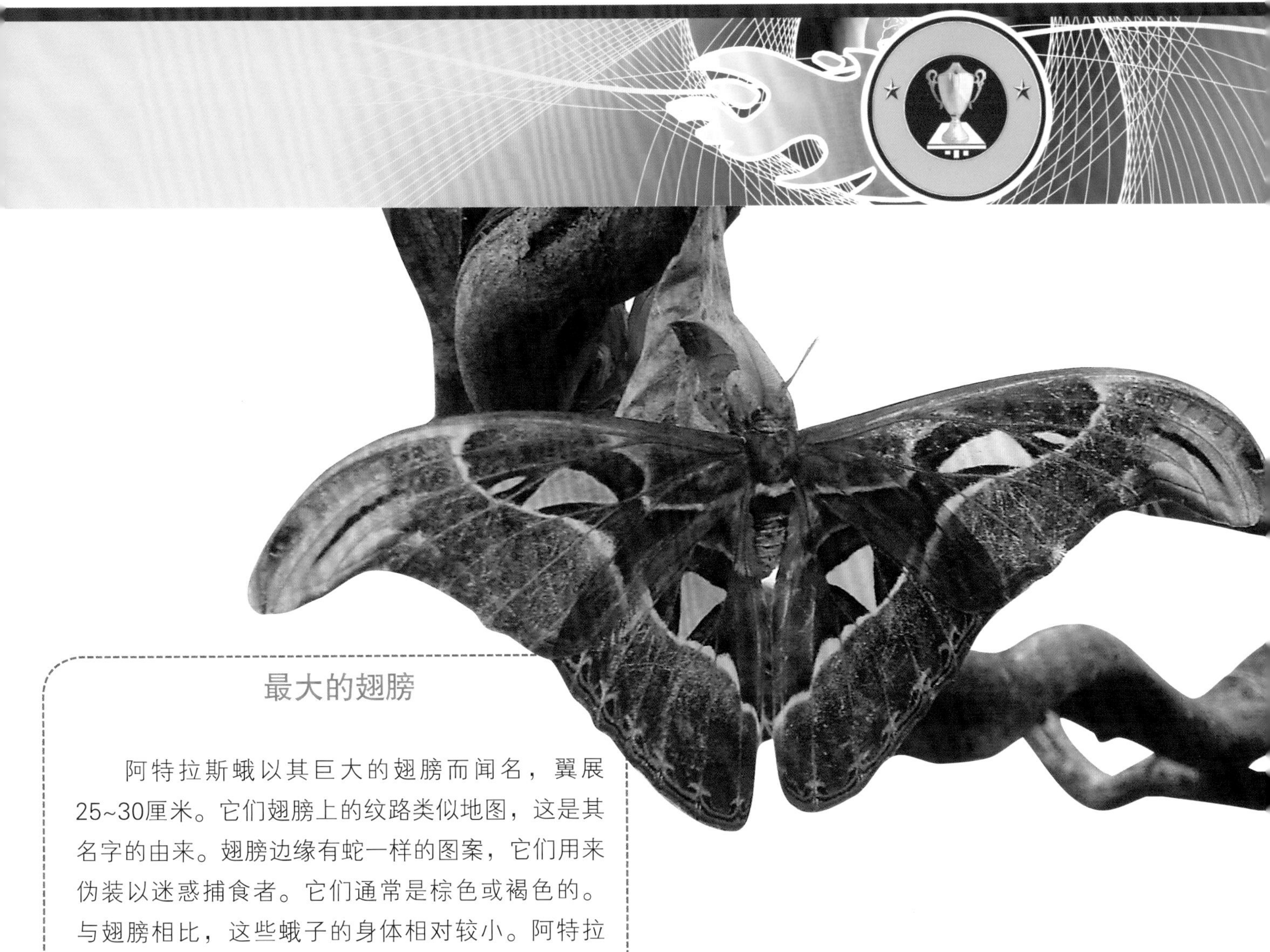

最大的翅膀

阿特拉斯蛾以其巨大的翅膀而闻名，翼展25~30厘米。它们翅膀上的纹路类似地图，这是其名字的由来。翅膀边缘有蛇一样的图案，它们用来伪装以迷惑捕食者。它们通常是棕色或褐色的。与翅膀相比，这些蛾子的身体相对较小。阿特拉斯蛾分布在东南亚和中国。在印度，它们被用来生产丝绸。

你知道吗？

蜉蝣的寿命是所有昆虫中最短的。它们只有30分钟到1天的寿命。这种昆虫通常分布在水域附近。由于生命短暂，它们也被称为“一夜老”。

最吵闹的昆虫

非洲蝉大约在0.5米的范围内，能发出高达106.7分贝的噪声。这种鸣叫是雄蝉通过摩擦两层看起来像鼓的薄膜发出的求偶声，是为了吸引雌性非洲蝉。这种昆虫的寿命长达17年，对于昆虫来说是非常漫长的。它们分布在热带和温带地区。

恐　龙

拥有最好盔甲的恐龙

甲龙是拥有最好的防护装备的恐龙。它们长着坚硬的皮革和厚厚的骨板，背上有两排尖尖的刺，尾部像一根巨大的棍棒，后脑勺上长着角，还长着两块骨板保护它们的眼睛。这些装备精良的恐龙只剩腹部比较脆弱，没有骨板。甲龙的这些防护装备可以保护自己不受凶猛的雷克斯暴龙的伤害。

你知道吗？

南部蜥蜴被认为是最后的恐龙，重约45000千克。这个物种的完整骨架还没有被发现，所以不知道它们的确切大小。但它们可能至少长18米。

最大的肉食恐龙

巨龙是最大的肉食恐龙，生活在距今1亿年前至9500万年前。这些巨型生物长13.5~14.3米，重约8吨。它们有大约20厘米长的下颚，头骨长约1.8米。这些庞大的肉食恐龙以大型草食恐龙为食。据说它们的体型比霸王龙还大。但它们长着特别小的、香蕉状的大脑。

最厚的头骨

厚头龙的头部看起来像一个圆顶，是由骨头组成的，厚约20厘米。这些草食恐龙的大脑和眼睛都很小。它们生活在7600万年前到6500万年前。它们头上的圆顶被认为是用来进行撞击的，但对这一说法尚存争议。另一观点认为，这个圆顶更有可能是用来攻击其他恐龙的武器。

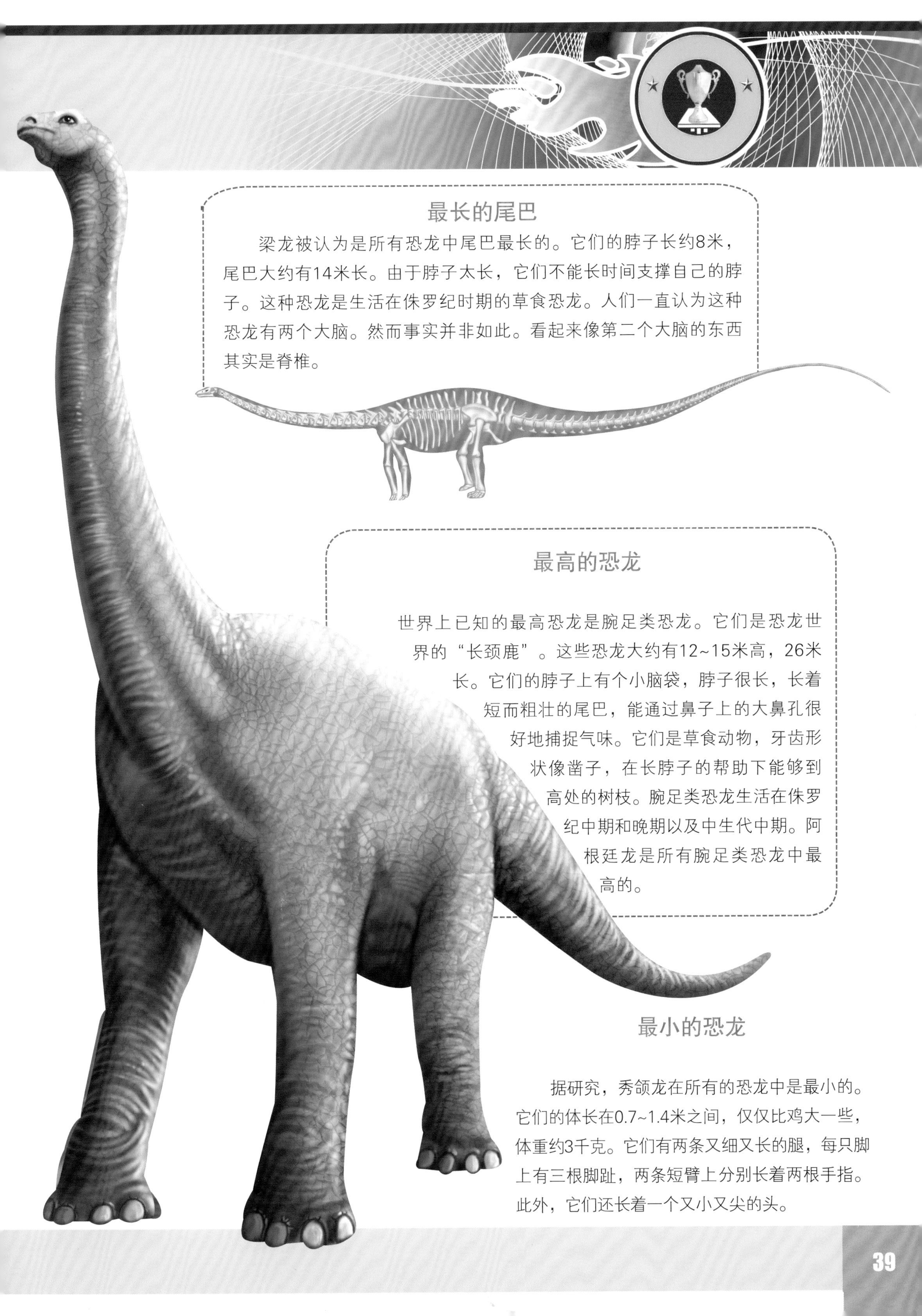

最长的尾巴

梁龙被认为是所有恐龙中尾巴最长的。它们的脖子长约8米，尾巴大约有14米长。由于脖子太长，它们不能长时间支撑自己的脖子。这种恐龙是生活在侏罗纪时期的草食恐龙。人们一直认为这种恐龙有两个大脑。然而事实并非如此。看起来像第二个大脑的东西其实是脊椎。

最高的恐龙

世界上已知的最高恐龙是腕足类恐龙。它们是恐龙世界的“长颈鹿”。这些恐龙大约有12~15米高，26米长。它们的脖子上有个小脑袋，脖子很长，长着短而粗壮的尾巴，能通过鼻子上的大鼻孔很好地捕捉气味。它们是草食动物，牙齿形状像凿子，在长脖子的帮助下能够到高处的树枝。腕足类恐龙生活在侏罗纪中期和晚期以及中生代中期。阿根廷龙是所有腕足类恐龙中最高的。

最小的恐龙

据研究，秀颌龙在所有的恐龙中是最小的。它们的体长在0.7~1.4米之间，仅仅比鸡大一些，体重约3千克。它们有两条又细又长的腿，每只脚上有三根脚趾，两条短臂上分别长着两根手指。此外，它们还长着一个又小又尖的头。

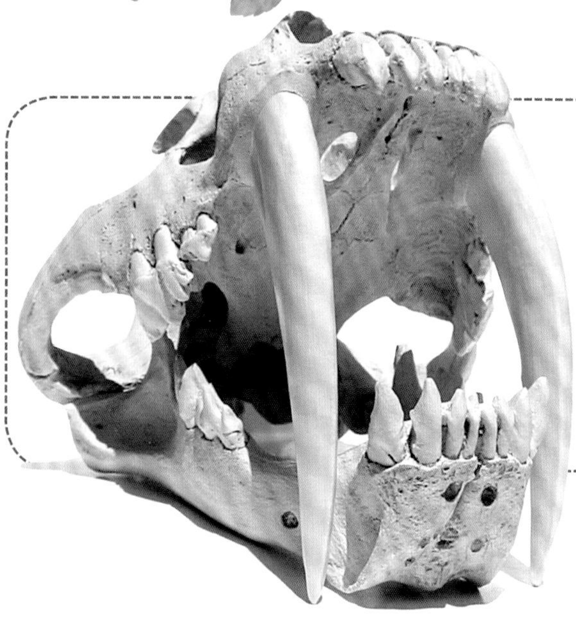

冰河时代最致命的牙齿

一种叫作剑齿虎的动物，长着最致命的牙齿。它们的下颚非常有力，牙齿非常锋利。特别值得注意的是，它们有两个巨大的犬齿，能长到大约18厘米长。剑齿虎是强壮而好斗的肉食动物，可以猎杀像猛犸象这样大型的动物。

最大的史前鲨鱼

在1600万年前到160万年前，巨齿鲨是海洋中最大的肉食动物。它们长着巨大、强有力的下颚，宽度超过2米。它们可以长到约16米长，锋利的牙齿大约长21厘米。事实上，可怕的大白鲨仅仅只有巨齿鲨的一半大。巨齿鲨鳍的长度和一个成年人差不多长。

你知道吗？

巨犀是已知的最大的史前陆地动物。它们是现代犀牛的祖先。但它们没有角。巨犀一般6~7米长。在史前时期，最小的陆地动物是一种叫作“Nusculodelphis”的有袋动物。

最大的史前狮子

最大的史前狮子是洞穴狮子。它们比现在的狮子大得多，体长约3.5米。研究人员在山洞里发现了许多这种狮子的壁画，它们大多出现在欧洲。

最大的树懒

巨大的大地懒约6米长，重3~4吨。它们是以植物为食的哺乳动物，用四肢行走。它们的每一个肢体都有锋利的爪子，看起来像钩子。大地懒长得又矮又胖，尾巴短粗，动作缓慢。它们生存在大约11000年前的南美洲。

最大的猛犸象

猛犸象是现代大象的史前亲戚，有一对巨大的或笔直或弯曲的獠牙。最大的猛犸象是帝国猛犸，它的长牙约长4米。猛犸象用獠牙来击退敌人，或从雪中挖出食物。一些猛犸象的身体上有很多毛发，保持温暖。它们是草食动物，生活在200万年前到9000年前。

词汇屋

猫科动物：哺乳、肉食动物。头大而圆，吻部较短，视觉、听觉、嗅觉均很发达。多数擅长攀缘及跳跃。

哺乳动物：最高等的脊椎动物，靠母乳哺育初生幼体。

肉食动物：以其他动物为食的动物。

草食动物：以植物为食的动物。

迁徙：每年春季和秋季，沿相对固定的路线、定时地、有规律的在

繁殖地区和越冬地区之间进行长距离往返移居的现象。

有蹄动物：哺乳、草食动物。四肢长有蹄子，有适应咀嚼和研磨植物的牙齿。

有袋动物：哺乳动物。母体长有口袋状的育儿袋，初生幼体会待在育儿袋中。

啮齿动物：小型哺乳动物。有一对不断增长的门牙，必须通过啃咬坚硬的物体来磨短这对门牙。

浮游生物：在水中漂浮移动的漂流生物。包括浮游植物和浮游动物。

爬行动物：变温脊椎动物。体表有鳞或甲，体温随着气温的高低而改变。用肺呼吸。卵生或卵胎生。

水陆两栖动物：变温脊椎动物。幼年时生活在水里，成年后生活在陆地上。幼体和成体的形态差别很大。

蛛形纲动物：节肢动物的一个群。通常有8条腿。躯体分为头胸部（前部与中部）和腹部（后部）。

史前动物：地球早期的动物，如侏罗纪的恐龙和三叶虫等。多数因进化演变或者不适应地球气候的变化而灭绝了，现在只能通过化石看到这些动物。但也

有少数动物，如鸭嘴兽、鳄鱼等，在漫长的进化过程中，适应了自然环境的变化而生存下来。

猛禽：凶猛的鸟类。如隼、鹰、鹫、鸮等。

濒危：接近危险的境地，指物种临近灭绝。

高海拔地区：地球表面（或大气层）高出水平面且垂直距离较大的区域。

罕见：很少见到。

脂肪：生物体内储存能量的物质，存在于动物皮下组织以及植物体中。

伪装：将自己与环境融为一体来迷惑捕食者或成为猎食者。

原住民：某地较早生活着的物种。也称土著。

锋利：身体组织尖或薄，容易刺入或切入物体。

淡水：含盐分极少的水，即含盐量小于0.5克/升。

咸水：与淡水相对，含有盐分（氯化钠）和其他盐类物质的水。

解密科学星球　发现美好世界

生活中除了英语和奥数，还有各种神奇美丽的植物、动物、地球、宇宙……坐上我们的“神奇星球”号飞船，带你在家看世界！

主题内容多元化，涵盖世界发明与发现、战斗机、汽车、地球、生物等。增加趣味科普、事实档案、小贴士、词汇屋等小板块，益智添趣，拓宽视野，丰富知识面。特别适合3～6岁亲子共读或7～12岁的孩子自主阅读。

图书在版编目（CIP）数据

动物之最 / 英国North Parade出版社编著；王博，程昌钰译. —昆明：晨光出版社，2020.8
（小爱因斯坦神奇星球大百科）
ISBN 978-7-5715-0343-7

Ⅰ.①动… Ⅱ.①英… ②王… ③程… Ⅲ.①动物—少儿读物 Ⅳ.①Q95-49

中国版本图书馆CIP数据核字（2019）第217761号

著作权合同登记号 图字：23-2017-118 号

DONGWU ZHI ZUI

动物之最

［英］North Parade 出版社◎编著
王 博 程昌钰◎译

出版人：吉 彤

策 划：吉 彤 程舟行
责任编辑：朱凤娟 杨立英
装帧设计：唐 剑
责任校对：杨小彤
责任印制：廖颖坤
出版发行：云南出版集团 晨光出版社
地 址：昆明市环城西路609号新闻出版大楼
发行电话：0871-64186745（发行部）
0871-64178927（互联网营销部）
法律顾问：云南上首律师事务所 杜晓秋

排 版：云南安书文化传播有限公司
印 装：云南金伦云印实业股份有限公司
开 本：210mm×285mm 16开
字 数：60千
印 张：3
版 次：2020年8月第1版
印 次：2020年8月第1次印刷
书 号：ISBN 978-7-5715-0343-7
定 价：39.80元

晨光图书专营店：http://cgts.tmall.com/